ESSAIS D'ÉLECTROCULTURE

PARTIE III

Année 1910

DE LA FERTILISATION ÉLECTRIQUE

DES PLANTES (Tome 2)

FERNAND BASTY

Dans la collection *Électroculture* :

– *Electroculture, the Application of Electricity to Seeds in Vegetable Growing*, Alexander Carr Bennett (1921)

– *Electroculture*, Justin Christofleau (en anglais)

– *Essais d'électroculture - Partie II (1908 et 1909)*, Fernand Basty

Talma Studios
60, rue Alexandre-Dumas
75011 Paris – France
www.talmastudios.com
contact@talmastudios.com

Image de couverture : © Denys Prokofyev | Dreamstime.com
ISBN : 979-10-96132-07-2
EAN : 9791096132072

ESSAIS D'ÉLECTROCULTURE

PARTIE III

Année 1910

DE LA FERTILISATION ÉLECTRIQUE DES PLANTES (Tome 2)

Expériences et résultats par
le lieutenant Fernand BASTY
du 135ᵉ Régiment d'infanterie

Membre titulaire de
la Société d'études scientifiques d'Angers

INTRODUCTION

Extrait du *Bulletin de la Société royale de botanique de Belgique*, Tome 48, Année 1911

L'ÉLECTROCULTURE, HIER ET AUJOURD'HUI

par É. Paque

D'importants résultats, obtenus récemment, ont donné un regain d'actualité à la question qui nous occupe.

Tout le monde sait que les premiers essais d'électroculture ne sont pas de fraîche date.

Dans la suite des années, on a eu recours à des procédés fort différents. Quelques chercheurs ont utilisé le courant électrique comme producteur de lumière et de chaleur (ce qu'on nomme la méthode « indirecte »), et ils ont constaté que le développement des plantes et la formation de la « chlorophylle » étaient favorablement influencés. D'autres ont utilisé le courant comme agent direct (méthode « directe »), en soumettant la plante à l'influence de son action mystérieuse, sans production apparente de lumière, ni de chaleur.

Pour l'application de cette dernière méthode, on a le choix entre l'électricité artificielle et l'électricité naturelle. Le premier procédé est évidemment plus dispendieux et n'est pratiquement possible que dans le voisinage d'un réseau électrique ; le second est à la portée de toutes les bourses et trouve dans l'électricité fournie par la nature (sol et atmosphère) une inépuisable source d'énergie. Aussi, est-ce de ce côté que les efforts se sont principalement portés, dans les derniers temps.

On sait que le point de départ des essais d'utilisation de l'électricité naturelle se trouve dans le phénomène bien connu de l'« accroissement très sensible » des végétaux « après un orage ».

Ce fut Bertholon, un ami de Franklin, qui, en 1783, tenta les premières expériences. Ces premiers essais, paraît-il, ne furent pas très heureux, et plusieurs années s'écoulèrent avant qu'un botaniste russe, du nom de Spichnew, reprît ce genre de recherches : il le fit, avec un certain succès, à en croire les résultats qu'il a publiés.

Dans des temps plus rapprochés de nous, le Frère Paulin (1890), M. Pinot et M. Narkewitsch-Yodko se sont efforcés de perfectionner les procédés et ont obtenu des résultats de plus en plus encourageants.

Nous ne décrirons pas leur méthode, laquelle, dans ses grandes lignes, se rapproche beaucoup de celle de M. Basty, dont il nous reste à parler avec quelque détail.

M. Basty, lieutenant au 135e régiment d'infanterie à Angers, s'est livré à des essais d'électroculture, depuis sept ans : le dispositif qu'il emploie et les succès qui ont couronné ses efforts méritent d'attirer l'attention de quiconque s'occupe de la culture des végétaux.

L'appareil Basty, qui ressemble à un petit paratonnerre planté dans le sol, se compose d'une tige de fer, terminée en haut par une pointe inoxydable. Sa longueur varie avec la taille des plantes soumises à la culture : elle atteint 2 mètres pour les céréales, par exemple, et n'a que 80 cm pour les plantes basses (fraises, épinards, etc.). Son diamètre est proportionnel à sa hauteur et oscille entre 2 à 5 millimètres. Quant à la longueur de la base qui doit pénétrer dans le sol, elle dépend du développement des racines suivant la verticale. La zone d'efficacité de l'appareil est évaluée théoriquement comme égale à un cercle dont le centre est le pied de la tige et dont le rayon est égal à sa hauteur. Pratiquement, il est à conseiller, surtout dans les terrains secs, d'augmenter plutôt le nombre des tiges.

Le fonctionnement de l'appareil s'explique par la propriété des « pointes ». Le potentiel électrique du sol n'étant jamais en équilibre avec le potentiel atmosphérique, il se fait, dans le voisinage des pointes, un échange constant de ces deux électricités, ce qui y créera une sorte d'atmosphère orageuse. Celle-ci produira une effluve constante, très faible il est vrai, mais suffisante pour provoquer la formation d'ozone et opérer, dans la composition de l'air, une série de modifications avantageuses. À l'autre extrémité (du côté de la base), l'appareil agit sur le sol et les racines y contenues, par influence. L'électricité de même nom que celle de l'atmosphère s'y trouve refoulée et s'y accumule, si le terrain est sec et mauvais conducteur : agissant par influence, elle décompose l'électricité des molécules du terrain avoisinant. Si le terrain est humide, l'action se transmet plus rapidement à ces molécules, puisque le milieu est bon conducteur. Grâce à l'action de l'appareil, il se produit ainsi une décomposition lente du fluide, sans étincelle, c'est-à-dire sans effets violents qui pourraient nuire aux tissus des plantes.

L'action du paratonnerre Basty est très nette, pourvu qu'il ne soit pas entouré d'arbres, d'arbustes, de poteaux, etc., plus élevés que lui :

la raison en est que ces corps agissent, eux aussi, à la façon de paratonnerres et soutirent l'électricité atmosphérique dans la région ambiante.

Au dire des hommes les plus compétents, le procédé Basty serait appelé à un grand avenir, surtout dans la petite culture et dans les jardins maraîchers. Outre son efficacité évidente, il a pour lui la simplicité et la commodité de son installation, la facilité de son entretien (qui ne réclame aucun soin) et enfin, la réduction sérieuse de la dépense, comparaison faite avec les engins utilisés antérieurement (les tiges métalliques revenant à fr. 0,15 ou fr. 0,25 d'après le diamètre).

Dans le but de mettre sa méthode à la portée du grand public, M. Basty a créé, à Angers (1908), un jardin d'essais. Il a fait choix d'un terrain pauvre, à exposition défavorable (du côté du nord) et a proscrit tout emploi d'engrais chimiques. Ce jardin comprend deux parties : dans l'une, se trouvent les plantes soumises au traitement électrique ; dans l'autre, les mêmes plantes, traitées d'après l'ancienne méthode de culture (plantes témoins).

Pour élucider davantage la question, l'expérimentateur employa une trentaine d'espèces ou de variétés de graines, de tubercules ou de noyaux, dont une partie fut électrisée, pendant un certain nombre d'heures avant l'ensemencement, et l'autre partie (les témoins) ne subit aucun traitement préalable. L'électrisation s'opérait à l'aide d'un courant continu d'une intensité de 4/10 d'ampère et de 6 volts.

Ces différentes catégories de graines, etc. furent réparties (après étiquetage minutieux), entre différents terrains : les uns à l'état naturel, les autres soumis à l'action des appareils Basty. L'influence bienfaisante de l'électroculture se manifesta, d'une manière très frappante, dans toutes les expériences.

Voici le résumé des résultats obtenus :

Précocité. — Des épinards, petits pois, fraises et autres produits furent récoltés le 15 mai, alors que, trois semaines plus lard, les plantes témoins n'avaient encore rien donné.

Abondance. — La quantité des épinards, fraises, salades, etc., récoltés sur terrain électrisé fut, à celles des plantes témoins, dans le rapport de 4 ou 4 1/2 à 1.

Qualité. — D'après le témoignage de l'expérimentateur, les produits des terrains électrisés furent de qualité tout à fait supérieure.

Au concours floral d'Antibes (avril 1910), M. Basty a exposé une série de tableaux et de photographies faisant ressortir, avec une grande netteté, les résultats obtenus par lui, au cours de ses sept années d'expérimentation.

— M. Théo Griffet, chimiste-agronome à Marseille, a consacré à cette collection un article des plus élogieux, dans la *Revue générale de Chimie pure et appliquée* [1].

— Ajoutons que M. Basty lui-même va consigner les résultats de ses recherches dans un ouvrage, qui paraîtra prochainement[2].

Étant donnés les succès obtenus, on peut conclure que l'électricité atmosphérique paraît être une aide puissante pour l'agriculture, et, à ce titre, on doit souhaiter de voir l'électroculture sortir du domaine de l'expérience pour entrer dans la pratique courante.

---

1. Tome XIII, 1910, n°14.
2. À la librairie Germain et Grassin, à Angers.

AVANT-PROPOS

Les communications que nous avons faites, au cours de l'année 1910, à la Société d'études scientifiques d'Angers, relatant nos travaux, nos recherches, nos tâtonnements heureux ou malheureux, entrepris dans l'application des électricités naturelles à la culture proprement dite des plantes, peuvent se diviser en trois parties :

PREMIÈRE PARTIE

a) Recherches nouvelles nécessitées pour préciser certains faits encore mal définis ;
b) Achèvement d'expériences qu'il était impossible de terminer en une année.

DEUXIÈME PARTIE

Compte-rendu des expériences entreprises, avec nos appareils, par un de nos correspondants.

TROISIÈME PARTIE

Enfin, dans une troisième partie ayant pour titre : *Orientation de l'opinion publique vers l'utilisation de l'électricité statique à haute tension*, nous indiquons le but vers lequel nous devons tous, le plus particulièrement, diriger nos efforts.

C'est dans cet ordre d'idées que nous présentons notre travail.

F. B.

PREMIÈRE PARTIE

Expériences de 1910
tentées à Angers, au Jardin Bertholon
(école Victor-Hugo)

Chapitre I

§1. But

Nos expériences de 1910 eurent un quadruple but :

1) Déterminer, aussi exactement que possible, l'influence des appareils employés ;

2) Rechercher quelle pouvait être l'influence d'un courant déterminé, appliqué aux graines, avant les semailles, sur le développement et la récolte de la future plante ;

3) Entre deux courants expérimentés ($1/100^e$ et $3/1000^e$ d'ampère), déterminer le meilleur ;

4) Reprendre et achever nos expériences précédentes relatives à la position du hile, en terre, de certaines graines, et montrer son influence sur le développement des racines et la production des fruits.

§2. Appareils employés

Les appareils employés furent ceux de l'année 1909, présentés et décrits dans notre ouvrage *De la Fertilisation électrique des plantes* (Tome I)[1], à savoir :
– appareils capteurs d'électricité atmosphérique : électro-capteur F. B. ; petits paratonnerres F. B. ;
– appareil producteur d'électricité dynamique : plaques système Spechnew (modifiées F. B.) ;
– appareil capteur d'électricité atmosphérique, producteur d'électricité dynamique et utilisant l'électricité tellurique : Dynamo-capteur F. B.

§3. Plantes choisies

Les plantes choisies pour être soumises aux expériences furent :
        a) Graminées : orge, maïs ;
        b) Légumineuses : soissons, trèfle incarnat ;
        c) Chénopodées : betteraves ;
        d) Urticées : chanvre ;
        e) Crucifères : moutarde.

---

1. Lorsque nous renvoyons le lecteur à cet ouvrage, nous l'indiquons par les abréviations suivantes : F. E. D. P. (Tome I).
L'édition moderne de ce Tome I correspond aux *Essais d'électroculture*, Parties I et II, Talma Studios.

§4. Traitement électrique imposé
aux graines avant les semailles

Des graines de betteraves, chanvre, moutarde, orge, soissons furent soumises à l'action d'un courant de 1/100ᵉ d'ampère pendant une heure, dans les conditions indiquées à la page 65 de F. E. D. P. (Tome I).

Des graines de même qualité et des mêmes espèces furent soumises à l'action d'un courant de 3/1000ᵉ d'ampère pendant deux heures.

Le même jour (22 mai 1910), toutes ces graines furent semées dans des rectangles de terrain de même superficie et de même qualité que les témoins.

§5. Affectation des plantes aux appareils

Dans la sphère d'influence de :

a) L'électro-capteur, on sema :

   1) du chanvre électrisé au 1/100ᵉ et au 3/1000ᵉ d'ampère ;

   2) de l'orge électrisée au 1/100ᵉ et au 3/1000ᵉ d'ampère ;

b) Des petits paratonnerres

   1) du chanvre électrisé au 1/100ᵉ et au 3/1000ᵉ d'ampère ;

2) de l'orge électrisée au 1/100e et au 3/1000e d'ampère ;

3) des betteraves électrisées au 1/100e et au 3/1000e d'ampère ;

4) des soissons électrisés au 1/100e et au 3/1000e d'ampère ;

c) Des plaques productrices d'électricité dynamique

1) de la moutarde électrisée au 1/100e et au 3/1000e d'ampère

d) Du dynamo-capteur

1) du chanvre électrisé au 1/100e et au 3/1000e d'ampère ;

2) de l'orge électrisée au 1/100e et au 3/1000e d'ampère ;

3) des soissons électrisés au 1/100e et au 3/1000e d'ampère.

§6. Plan du jardin

Le jardin d'expériences conserva sa forme rectangulaire de l'année précédente, avec allées isolatrices (voir plan et photographie pages suivantes : vue d'ensemble au 29 juin).

Les rectangles témoins restèrent situés au sud, les rectangles électrisés au nord.

Se reporter pour les renseignements complémentaires à F. E. D. P. (Tome I).

Vue d'ensemble du Jardin " *Bertholon* " au 27 Juin 1916

Cliché Loubatier, Angers.

On peut remarquer : *a)* Les *appareils* : 1. Electro-capteur ; 2. Dynamo-capteur ; 3. Petits paratonnerres.
b) L'*influence* des appareils sur : Chanvre (4), voir son témoin (5) ; Chanvre (6), voir son témoin (7) ; Orge (8), voir son témoin (9).

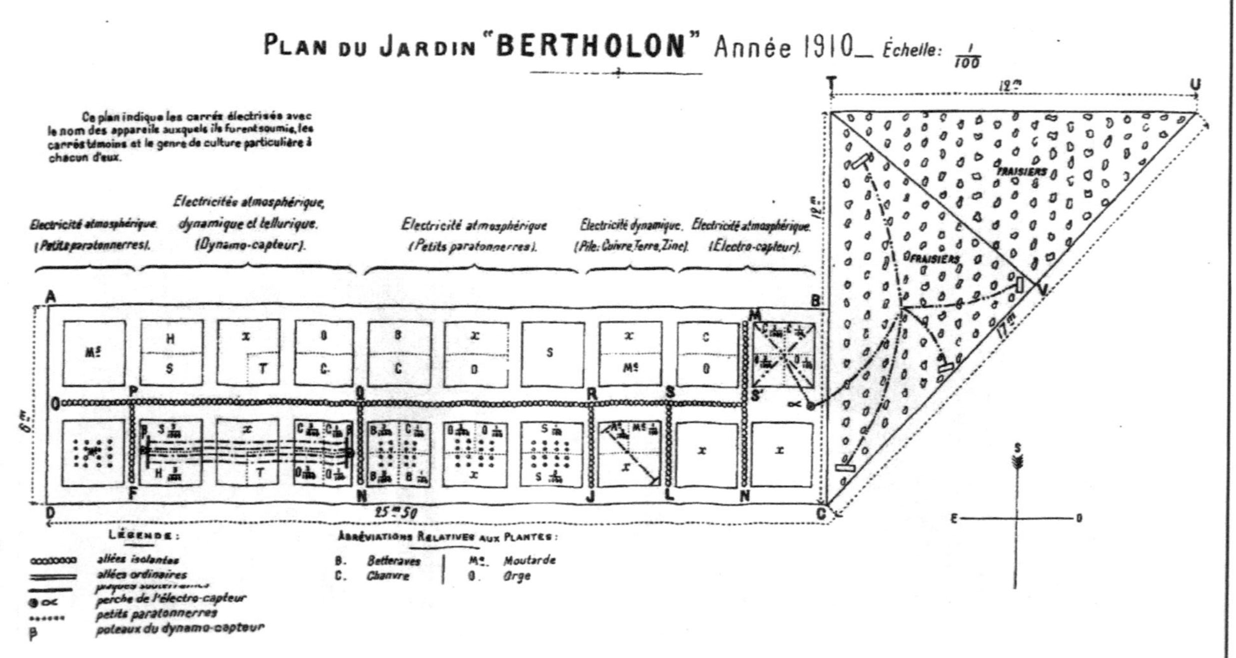

Plan du Jardin "BERTHOLON" Année 1910 _ Échelle: 1/100
Ce plan indique les carrés électrisés avec le nom des appareils auxquels ils furent soumis, les carrés témoins et le genre de culture particulière à chacun d'eux.
Electricité atmosphérique. (Petits paratonnerres).
Electricités atmosphérique, dynamique et tellurique. (Dynamo-capteur).
Electricité atmosphérique (Petits paratonnerres).
Electricité dynamique. (Pile: Cuivre, Terre, Zinc).
Electricité atmosphérique. (Electro-capteur).
FRAISIERS
FRAISIERS
12 m
12 m
17 m
25 m 50
6 m
T
U
A
B
D
C
M
V
S
N
E
O
LÉGENDE:
allées isolantes
allées ordinaires
plaques souterraines
perche de l'électro-capteur
petits paratonnerres
poteaux du dynamo-capteur
ABRÉVIATIONS RELATIVES AUX PLANTES:
B. Betteraves
C. Chanvre
Me. Moutarde
0. Orge

Chapitre II

Premiers résultats : germination,
développement des plantes

§1. Germination

Les semailles ayant eu lieu le 22 mai, les résultats
suivants furent constatés :

a) Au 30 mai
– Électro-capteur (électricité atmosphérique)

Chanvre	Au 1/100e d'ampère : germinations	40
	Témoins : germinations	20
	Au 3/1000e d'ampère : germinations	12
	Témoins : germinations	20

Orge	Au 1/100e d'ampère : germinations	58
	Témoins : germinations	84
	Au 3/1000e d'ampère : germinations	76
	Témoins : germinations	44

- Plaques Spechnew (électricité dynamique)[2]

Moutarde	Electrisée : pas levée	0
	Témoins : germinations	30

- Petits paratonnerres (électricité atmosphérique)

Soissons	Electrisés : pas de germinations	
	Témoins : pas de germinations	

Orge	Au 1/100e d'ampère : germinations	55
	Témoins : germinations	35
	Au 3/1000e d'ampère : germinations	100
	Témoins : germinations	60

Betteraves	Au 1/100e d'ampère : germinations	0
	Témoins : germinations	0
	Au 3/1000e d'ampère : germinations	40
	Témoins : germinations	0

Chanvre	Au 1/100e d'ampère : germinations	40
	Témoins : germinations	15
	Au 3/1000e d'ampère : germinations	50
	Témoins : germinations	25

2. Résultats déjà constatés au cours des années précédentes. La moutarde fut arrachée le 3 juin 1910.

- Dynamo-capteur

Chanvre	Au 1/100e d'ampère : germinations	35
	Témoins : germination	1
	Au 3/1000e d'ampère : germinations	103
	Témoins : germination	1

Orge	Au 1/100e d'ampère : germinations	16
	Témoins : germinations	18
	Au 3/1000e d'ampère : germinations	122
	Témoins : germinations	13

| Soissons | Electrisés : pas de germinations |
| | Témoins : pas de germinations |

b) Au 4 juin

- Électro-capteur

Chanvre	Au 1/100e d'ampère : germinations	190
	Témoins : germination	180
	Au 3/1000e d'ampère : germinations	170
	Témoins : germination	160

Orge	Au 1/100e d'ampère : germinations	180
	Témoins : germinations	200
	Au 3/1000e d'ampère : germinations	170
	Témoins : germinations	150

- Petits paratonnerres

| Soissons | Au 1/100e d'ampère : germinations
Moyenne : 36 mm
Témoins : germinations
Moyenne : 15 mm | 14

9 |
| | Au 3/1000e d'ampère : germinations
Moyenne : 26 mm
Témoins : germinations
Moyenne : 22 mm | 13

11 |

Orge	Au 1/100e d'ampère : germinations	175
	Témoins : germinations	210
	Au 3/1000e d'ampère : germinations	280
	Témoins : germinations	250

Chanvre	Au 1/100e d'ampère : germinations	100
	Témoins : germinations	100
	Au 3/1000e d'ampère : germinations	400
	Témoins : germinations	80

Betteraves	Au 1/100e d'ampère : germinations	120
	Témoins : germinations	160
	Au 3/1000e d'ampère : germinations	320
	Témoins : germinations	200

- Dynamo-capteur

Orge	Au 1/100e d'ampère : germinations	230
	Témoins : germinations	160
	Au 3/1000e d'ampère : germinations	240
	Témoins : germinations	120

Chanvre	Au 1/100e d'ampère : germinations	300
	Témoins : germinations	50
	Au 3/1000e d'ampère : germinations	350
	Témoins : germinations	45

Soissons	Rang a : 4 germinations, hauteur moyenne	20 mm
	Témoin a : 3 germinations, hauteur moy.	20 mm
	Rang b : 8 germinations, hauteur moyenne	30 mm
	Témoin b : 8 germinations, hauteur moy.	30 mm
	Rang c : 10 germinations, hauteur moy.	35 mm
	Témoin c : 10 germinations, hauteur moy.	33 mm

§2. Développement des plantes

Nous indiquons ci-après les dimensions des plantes, tiges et feuilles aux dates indiquées :

a) Au 6 juin

- Électro-capteur

Chanvre	Au 1/100e d'ampère : tige	50 mm
	Témoins : tige	30 mm
	Au 3/1000e d'ampère : tige	25 mm
	Témoins : tige	25 mm

Orge	1/100e d'ampère : feuilles	100 mm
	Témoins : feuilles	100 mm
	3/1000e d'ampère : feuilles	90 mm
	Témoins : feuilles	90 mm

- Petits paratonnerres

Soissons	1/100e : tige et feuilles	45 mm
	Témoins : tige et feuilles	37 mm
	3/1000e : tige et feuilles	45 mm
	Témoins : tige et feuilles	43 mm

Orge	1/100e d'ampère : feuilles	50 mm
	Témoins : feuilles	60 mm
	3/1000e d'ampère : feuilles	90 mm
	Témoins : feuilles	80 mm

Betteraves	Témoins	Tige	12 mm
		Feuilles	18 mm
	1/100e	Tige	12 mm
		Feuilles	25 mm
	3/1000e	Tige	25 mm
		Feuilles	55 mm

Chanvre	Témoins	Tige	20 mm
		Feuilles	25 mm
	1/100e	Tige	40 mm
		Feuilles	45 mm
	3/1000e	Tige	50 mm
		Feuilles	60 mm

Maïs	Electrisé	330 mm
	Témoins	300 mm

Par «maïs électrisé», il faut entendre «maïs simplement soumis à l'influence des petits paratonnerres ».

- Dynamo-capteur

Orge	1/100e d'ampère : feuilles	80 mm
	Témoins : feuilles	70 mm
	3/1000e d'ampère : feuilles	68 mm
	Témoins : feuilles	60 mm

Chanvre	1/100e	Tige	40 mm
		Feuilles larg.	35 mm
	Témoins	Tige	25 mm
		Feuilles larg.	25 mm
	3/1000e	Tige	50 mm
		Feuilles larg.	50 mm
	Témoins	Tige	25 mm
		Feuilles larg.	20 mm

			Hauteur tige	32 mm
Soissons	1/100e	Rang a	Largeur feuilles	42 mm
		Rang b	Hauteur tige	60 mm
			Largeur feuilles	55 mm
		Rang c	Hauteur tige	60 mm
			Largeur feuilles	80 mm
	Témoins	Rang a	Hauteur tige	32 mm
			Largeur feuilles	41 mm
		Rang b	Hauteur tige	52 mm
			Largeur feuilles	80 mm
		Rang c	Hauteur tige	56 mm
			Largeur feuilles	80 mm
	3/1000e	Rang a	Hauteur tige	50 mm
			Largeur feuilles	70 mm
		Rang b	Hauteur tige	63 mm
			Largeur feuilles	71 mm
		Rang c	Hauteur tige	70 mm
			Largeur feuilles	90 mm
	Témoins	Rang a	Hauteur tige	30 mm
			Largeur feuilles	45 mm
		Rang b	Hauteur tige	60 mm
			Largeur feuilles	69 mm
		Rang c	Hauteur tige	61 mm
			Largeur feuilles	90 mm

<h2 style="text-align:center">b) Au 27 juin</h2>

- Électro-capteur

Chanvre			
	1/100e	Tige	150 mm
		Feuilles long.	130 mm
		Feuilles larg.	20 mm
	Témoins	Tige	140 mm
		Feuilles long.	120 mm
		Feuilles larg.	15 mm
	3/1000e	Tige	160 mm
		Feuilles long.	130 mm
		Feuilles larg.	15 mm
	Témoins	Tige	140 mm
		Feuilles long.	130 mm
		Feuilles larg.	17 mm

Orge			
	1/100e	Hauteur feuilles	370 mm
	3/1000e	Hauteur feuilles	390 mm
	Témoins	Hauteur feuilles	350 mm

- Plaques Spechnew[3]

Moutarde		
	Hauteur	235 mm
	Témoins	215 mm

---

3. La moutarde dont il est question provient de graines non électrisées avant les semailles ; elles furent semées le 8 juin.

- Petits paratonnerres

Orge			
	1/100e	Feuilles	260 mm
	3/1000e	Feuilles	340 mm
	Témoins	Feuilles	330 mm

Betteraves			
	1/100e	Tige et feuilles	110 mm
		Largeur	35 mm
	Témoins 1/100e	Tige et feuilles	70 mm
		Largeur	25 mm
	3/1000e	Tige et feuilles	80 mm
		Largeur	25 mm
	Témoins 3/1000e	Tige et feuilles	80 mm
		Largeur	25 mm

Chanvre			
	1/100e	Tige	140 mm
		Feuilles long.	90 mm
		Feuilles larg.	15 mm
	3/1000e	Tige	260 mm
		Feuilles long.	130 mm
		Feuilles larg.	20 mm
	Témoins	Tige	120 mm
		Feuilles long.	100 mm
		Feuilles larg.	17 mm

Maïs	Electrisé	780 mm
	Témoins	620 mm

- Dynamo-capteur

Orge	1/100e	Hauteur feuilles	400 mm
	Témoins	Hauteur feuilles	270 mm
	3/1000e	Hauteur feuilles	420 mm
	Témoins	Hauteur feuilles	270 mm

Chanvre	1/100e	Tige	230 mm
		Feuilles long.	160 mm
		Feuilles larg.	20 mm
	3/1000e	Tige	260 mm
		Feuilles long.	120 mm
		Feuilles larg.	20 mm
	Témoins	Tige	100 mm
		Feuilles long.	90 mm
		Feuilles larg.	14 mm

Soissons	Rang a	Hauteur tige	410 mm
		Longueur feuilles	300 mm
		Largeur feuilles	110 mm
	Témoins	Hauteur tige	360 mm
		Longueur feuilles	260 mm
		Largeur feuilles	100 mm
	Rang b	Hauteur tige	400 mm
		Longueur feuilles	280 mm
		Largeur feuilles	90 mm
	Témoins	Hauteur tige	230 mm
		Longueur feuilles	250 mm
		Largeur feuilles	80 mm
	Rang c	Hauteur tige	500 mm
		Longueur feuilles	300 mm
		Largeur feuilles	110 mm
	Témoins	Hauteur tige	380 mm
		Longueur feuilles	260 mm
		Largeur feuilles	80 mm

c) Au 25 juillet

- Électro-capteur

Chanvre	1/100e	Tige	570 mm
	Témoins	Tige	520 mm
	3/1000e	Tige	850 mm
	Témoins	Tige	540 mm

Orge	1/100e	Hauteur feuilles	750 mm
	Témoins	Hauteur feuilles	700 mm
	3/1000e	Hauteur feuilles	780 mm
	Témoins	Hauteur feuilles	720 mm

- Plaques Spechnew

Moutarde	Electrisée	400 mm
	Témoins	300 mm

- Petits paratonnerres

Soissons	Electrisés	1,85 m
	Témoins	1,45 m

Orge	1/100e	Feuilles	550 mm
	3/1000e	Feuilles	620 mm
	Témoins	Feuilles	550 mm

Betteraves	1/100e	Hauteur	240 mm
	3/1000e	Hauteur	280 mm
	Témoins	Hauteur	220 mm

Chanvre	1/100e	Tige	590 mm
	3/1000e	Tige	800 mm
	Témoins	Tige	410 mm

| Maïs | Electrisé | 1,80 m |
| | Témoin | 1,10 m |

- Dynamo-capteur

Orge	1/100e	Feuilles	720 mm
	3/1000e	Feuilles	730 mm
	Témoins	Feuilles	530 mm

Chanvre	1/100e	Tige	900 mm
	3/1000e	Tige	930 mm
	Témoins	Tige	420 mm

<h3 style="text-align:center">d) Au 29 août</h3>

- Électro-capteur

Chanvre	1/100e	Tige	1,18 m
	3/1000e	Tige	1,75 m
	Témoins	Tige	0,95 m

Orge	1/100e	Feuilles	950 mm
	Témoins	Feuilles	850 mm
	3/1000e	Feuilles	900 mm
	Témoins	Feuilles	800 mm

- Plaques Spechnew

Moutarde	Electrisée	800 mm
	Témoins	600 mm

Soissons	Rang a	Hauteur	2,65 m
	Témoins	Hauteur	2,10 m
	Rang b	Hauteur	2,78 m
	Témoins	Hauteur	2,20 m
	Rang c	Hauteur	2,85 m
	Témoins	Hauteur	2,35 m

- Petits paratonnerres

Orge	1/100e	Feuilles	850 mm
	3/1000e	Feuilles	850 mm
	Témoins	Feuilles	830 mm

Betteraves	1/100e	Hauteur	320 mm
	Témoins	Hauteur	300 mm
	3/1000e	Hauteur	350 mm
	Témoins	Hauteur	320 mm

Chanvre	1/100e	Tige	1,00 m
	3/1000e	Tige	0,95 m
	Témoins	Tige	0,85 m

Maïs	Electrisé	1,90 m
	Témoin	1,50 m

- Dynamo-capteur

Orge (sèche)	1/100e	Feuilles	850 mm
	3/1000e	Feuilles	750 mm
	Témoins	Feuilles	750 mm

Chanvre	1/100e	Tige	1,35 m
	3/1000e	Tige	1,20 m
	Témoins	Tige	1,02 m

Soissons	Rang a	Hauteur	3,15 m
	Témoins	Hauteur	3,05 m
	Rang b	Hauteur	3,45 m
	Témoins	Hauteur	3,25 m
	Rang c	Hauteur	4,05 m
	Témoins	Hauteur	3,85 m

À partir des tableaux qui précèdent, nous avons ajouté au livre de Fernand Basty plusieurs diagrammes, afin de faciliter les comparaisons dans la croissance des plantes entre les différents systèmes en fonction des dates des relevés.

Signalons toutefois que la moutare, le maïs et les betteraves n'ont été testés que sur un seul appareil.

(tous les chiffres de l'échelle des tableaux dans les pages suivantes sont exprimés en mm).

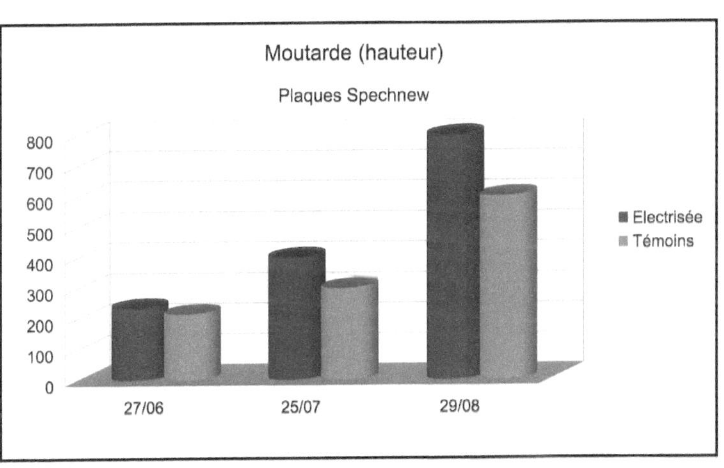

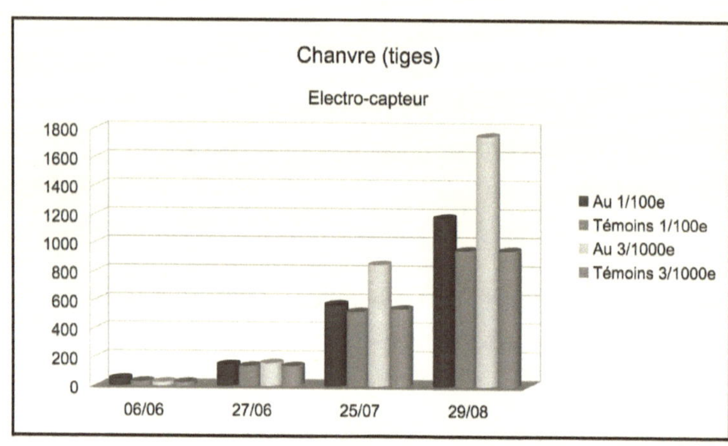

Chanvre (tiges)
Electro-capteur
1800
1600
1400
1200
1000
800
600
400
200
0
06/06
27/06
25/07
29/08
Au 1/100e
Témoins 1/100e
Au 3/1000e
Témoins 3/1000e

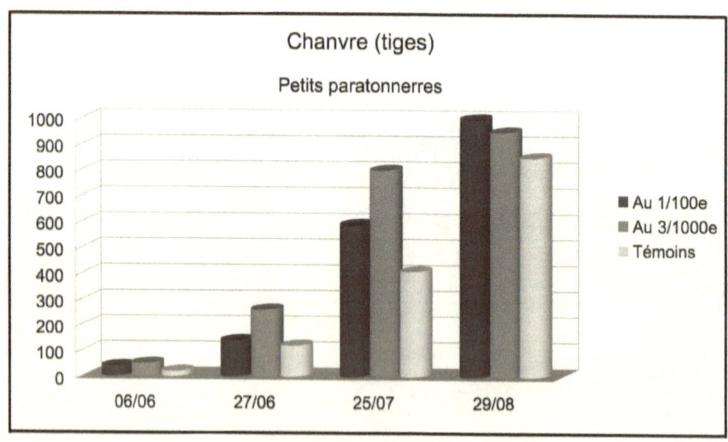

Chanvre (tiges)
Petits paratonnerres
1000
900
800
700
600
500
400
300
200
100
0
06/06
27/06
25/07
29/08
Au 1/100e
Au 3/1000e
Témoins

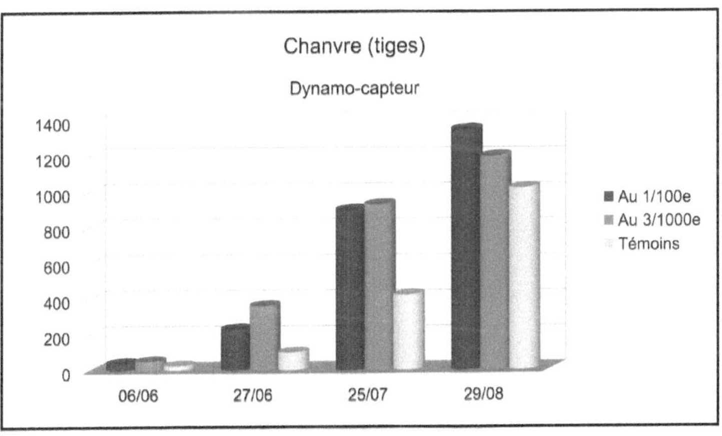

En synthèse, voici la comparaison sur le chanvre pour les trois systèmes au dernier jour des tests :

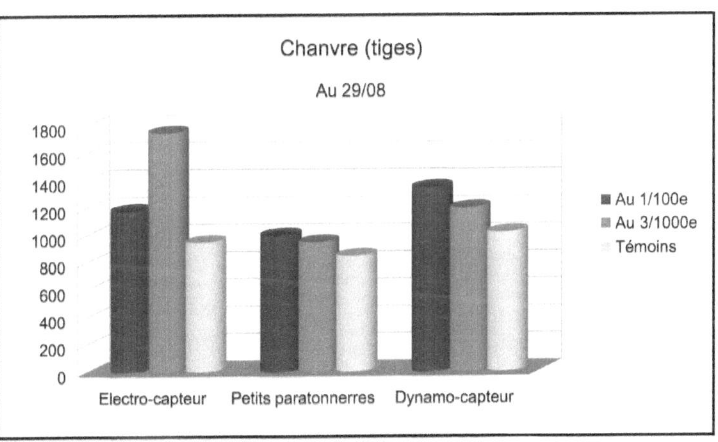

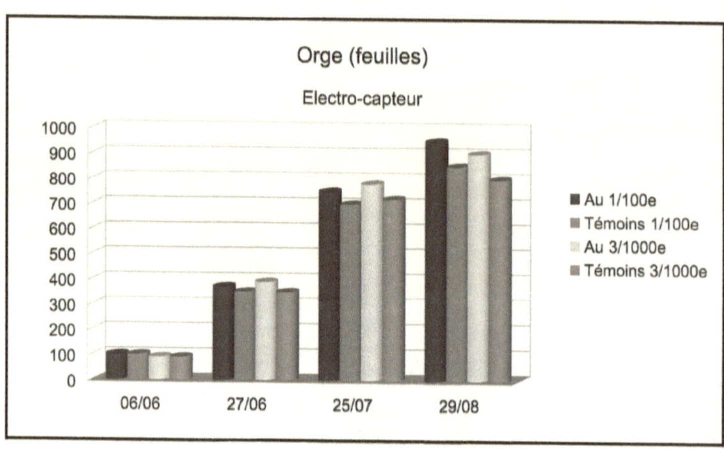

Orge (feuilles)

Electro-capteur

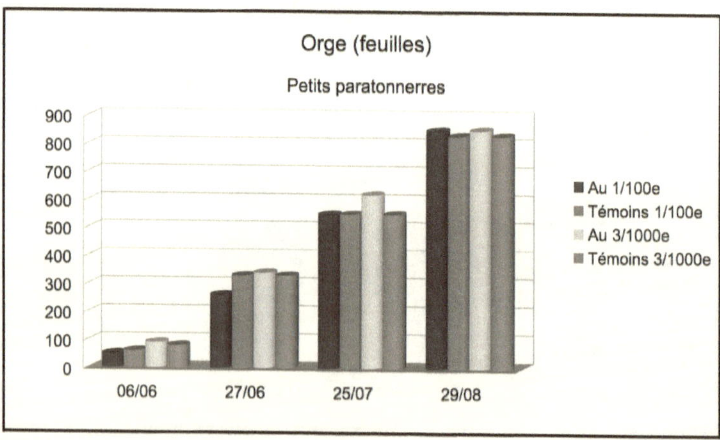

Orge (feuilles)

Petits paratonnerres

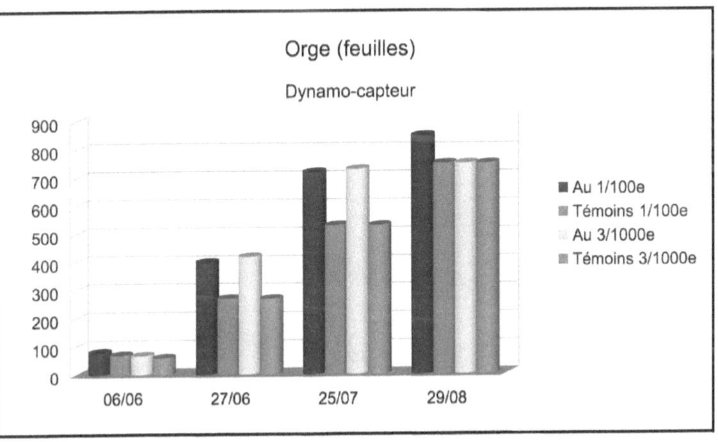

En synthèse, voici la comparaison sur l'orge pour les trois systèmes au dernier jour des tests :

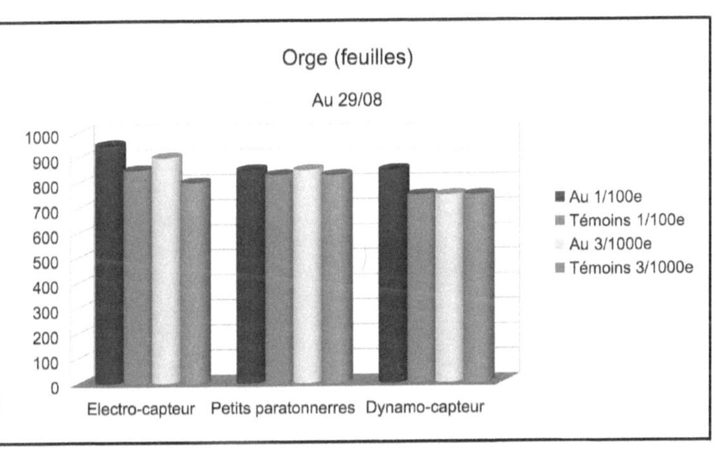

Et voici les graphiques pour le maïs et les betteraves, qui n'ont été testés qu'avec les petits paratonnerres :

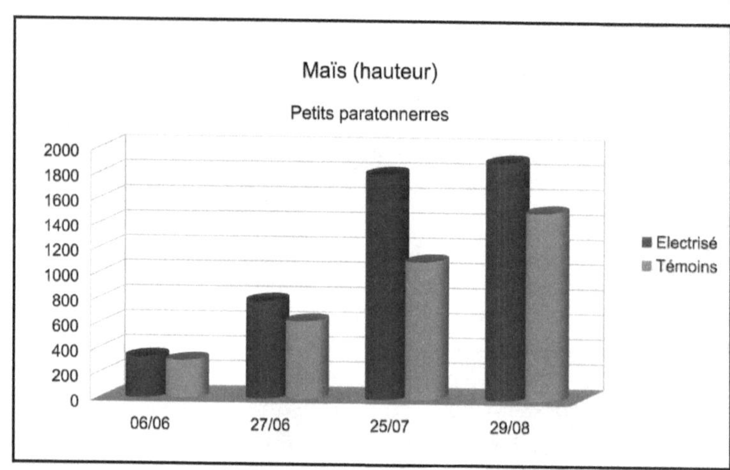

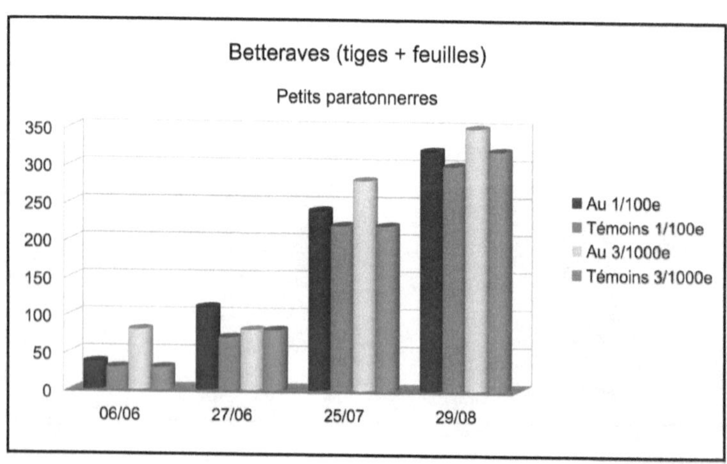

CHAPITRE III

Tableau indiquant les récoltes des plantes électrisées (en vert et en sec) comparées aux témoins

Appareils auxquels furent soumises les plantes	Plantes	Traitement électrique ou témoins	Superficie ensemencée	Récolte en vert : graines, tiges et feuilles	Récolte (tiges chaume, cosses) en sec	Récolte (graines caryopses) tubercules, etc.	Récolte totale en vert comparée aux témoins	Observations
			mètres carrés :	kil.	kil.	kil.	kil.	
DYNAMO-CAPTEUR F. B. (Électricité atmosphérique, dynamique et tellurique).	Betteraves	Électrisées (1)	2	5,400	»	4,050	5,400	(1) Par *betteraves électrisées*, il faut entendre celles qui, provenant des carrés soumis au courant de 3/1000e d'ampère, furent repiquées, au 26 juin, dans des carrés soumis aux influences des appareils.
		Témoins	2	3,600	»	2,700	3,600	
	Chanvre	1/100e	2	0,305	0,240	0,016		
		Témoins	2	0,197	0,122	0,008	0,675	
		3/1000e	2	0,370	0,290	0,030	0,395	
		Témoins	2	0,198	0,123	0,008		(2) La *moutarde* dont les résultats figurent au présent tableau ne fut point électrisée avant les semailles.
	Orge	1/100e	2	0,635	0,355	0,190		
		Témoins	2	0,390	0,302	0,147	1,335	
		3/1000e	2	0,700	0,380	0,197	1,180	
		Témoins	2	0,590	0,305	0,148		Par moutarde *électrisée* il faut entendre celle qui fut, simplement, soumise à l'influence dynamique des plaques Spechnew, modifiées F. B.
	Soissons	Électrisés	2	2,400	0,285	0,765	2,400	
		Témoins	2	1,800	0,150	0,470	1,800	
PETITS PARATONNERRES F. B. (Électricité atmosphérique).	Betteraves	Électrisées (1)	2	4,200	»	3,400	4,200	
		Témoins	2	3,100	»	2,500	3,100	
	Chanvre	1/100e	2	0,160	0,120	0,020		
		Témoins	2	0,095	0,060	0,008	0,415	
		3/1000e	2	0,255	0,180	0,020	0,190	
		Témoins	2	0,093	0,060	0,007		
	Orge	1/100e	2	0,320	0,190	0,065		
		Témoins	2	0,277	0,175	0,045	0,685	
		3/1000e	2	0,315	0,200	0,040	0,555	
		Témoins	2	0,278	0,173	0,045		
	Soissons	Électrisés	2	1,610	0,150	0,450	1,610	
		Témoins	2	1,020	0,090	0,270	1,020	
ÉLECTRO-CAPTEUR F. B. (Électricité atmosphérique).	Chanvre	1/100e	2	0,170	0,110	0,030		
		Témoins	2	0,132	0,085	0,010	0,450	
		3/1000e	2	0,280	0,240	0,020	0,265	
		Témoins	2	0,133	0,085	0,010		
	Orge	1/100e	2	0,565	0,307	0,170		
		Témoins	2	0,403	0,243	0,095	1,000	
		3/1000e	2	0,435	0,260	0,137	0,805	
		Témoins	2	0,402	0,245	0,095		
PLAQUES SPECHNEW MODIFIÉES F. B. (Électricité dynamique).	Moutarde	Électrisée (2)	2	0,400	0,150	0,070	0,400	
		Témoins	2	0,340	0,100	0,050	0,340	

Chapitre IV

*Incidence des courants de 1/100ᵉ
et de 3/1000ᵉ d'ampère sur
la germination[4], le développement et
la récolte des plantes expérimentées*

§1. Germinations

a) Betteraves – Tandis qu'au 30 mai, aucune germination n'était constatée dans les carrés témoins et dans ceux soumis au 1/100ᵉ, les carrés soumis au 3/1000ᵉ donnèrent 40 germinations.

Cette constatation est fort intéressante, puisque ce courant accélère, dans des proportions notables, environ huit jours, la germination de cette plante qui demande généralement 15 jours pour lever.

Ces proportions se retrouvent également au 4 juin. En effet, nous relevons, à cette date, 320 germinations contre 180 seulement chez le témoin.

---

4. Par « germination », nous entendons les premiers éléments de la tigelle sortis de terre. Il est bien entendu que les premières radicelles sont déjà formées à l'époque où nous relevons les premiers résultats. On comprendra facilement qu'il nous était impossible d'arracher, chaque jour, nos plantes pour suivre leur gestation dans le sol.

Par contre, et en toute justice, nous devons reconnaître que le courant au 1/100ᵉ n'a pas été bienfaisant, puisque le nombre des germinations est inférieur de 60 aux témoins : 120 contre 180.
Cette constatation est également très intéressante à retenir, car elle nous indique, dès maintenant, la limite supérieure d'intensité de courant qu'il ne faut pas dépasser pour cette plante.

b) Chanvre – L'ensemble des germinations obtenues au 4 juin est de 790 pour le chanvre soumis au 1/100ᵉ, 920 pour celui soumis au 3/1000ᵉ, tandis que les témoins ne donnent, à la même date, que 308 germinations.
L'électrisation de la graine a produit de bons résultats avec le 1/100ᵉ, et d'excellents avec le 3/1000ᵉ.
Ces résultats sont donc aujourd'hui acquis.

c) Moutarde – Pour la quatrième fois (années 1903, 1908, 1909, 1910), nous constatons que la germination de la moutarde est retardée ou anéantie par des courants variant du 1/100ᵉ au 1/1000ᵉ d'ampère. C'est donc au-dessous du 1/1000ᵉ qu'il faudra chercher le courant optimum pour cette plante.

d) Orge – L'influence bienfaisante du courant de 1/100ᵉ s'est moins fait sentir sur l'orge, puisque le total des germinations s'élève à 585 dans les carrés soumis à ce courant, et à 545 dans les témoins.

Par contre, les germinations dans les carrés influencés par un courant de 3/1000ᵉ sont de 600 contre 545.

Il y aura lieu, à l'avenir, d'employer des courants plus faibles.

e) Soissons – La différence de germinations entre les courants employés :

- 14 germinations, courant 1/100ᵉ,

- 13 germinations, courant 3/1000ᵉ,

est tellement peu sensible qu'elle ne nous permet pas d'affirmer, avec suffisamment d'exactitude, l'excellence d'un courant sur l'autre.

Dans tous les cas, les courants employés n'ont pas nui à la germination, au contraire, puisque les témoins n'accusent respectivement au 4 juin, que 9 et 11 germinations.

§ 2. Développement des plantes

Parmi les différents développements des plantes qui figurent au Chapitre II, nous avons choisi ceux du 25 juillet pour les étudier spécialement.

À cette époque, les plantes étaient dans leur période de vie intense et n'avaient pas encore subi de ralentissement dans leur développement cellulaire, dû à la maturité des fruits.

a) Betteraves – L'action retardatrice du courant de 1/100e d'ampère, signalée au moment de la germination, a dû être contrebalancée et annihilée par l'influence bienfaisante du Petit paratonnerre qui a pu lui permettre de dépasser les témoins de 20 mm.

Quant aux betteraves soumises au courant initial de 3/1000e, elles accusent un développement de feuilles supérieur de 60 mm aux témoins : 280 mm contre 220 mm.

L'excellence du courant initial et l'heureuse influence de l'appareil sont donc, ici, la résultante de cette constatation appréciable et très satisfaisante.

b) Chanvre – Les moyennes des hauteurs de tiges (abstraction faite de l'influence des appareils) sont les suivantes :

- courant au 1/100e : 687 mm ;
- courant au 3/1000e : 860 mm ;
- témoin : 470 mm.

Nous devons donc admettre que si, d'une part, les courants ont accéléré la germination, d'autre part, les appareils employés ont tous eu une action bienfaisante, puisque les chanvres électrisés ont, tous, un développement supérieur aux témoins, développement qui varie du 1/11ᵉ au double : 1/11ᵉ électro-capteur ; double : petit paratonnerre et dynamo-capteur.

c) Maïs – Le maïs, dont il est question, n'a pas été électrisé avant les semailles ; bien plus, la partie qui devait recevoir les petits paratonnerres et être soumise à leur influence, fut tirée au sort.
Quinze jours après la pose des petits paratonnerres, un développement, visible à l'œil, fut constaté.
Cette poussée végétative est telle qu'elle dépasse, au 25 juillet, les tiges témoins de 700 mm pour se maintenir à 400 mm au 29 août.

d) Moutarde – La moutarde fut également expérimentée dans les mêmes conditions que le maïs. Elle a été simplement semée dans un terrain soumis à l'action dynamique des plaques zinc et cuivre.
L'accroissement constaté de 100 mm est donc bien dû à l'action seule de l'appareil. Au reste, cette constatation, déjà faite, ne fait que

corroborer, une fois de plus, nos résultats des années précédentes.

e) Orge – En ce qui concerne cette graminée, les moyennes de développement des chaumes sont respectivement :
- 730 mm pour le courant au $1/100^e$ d'ampère ;
- 770 mm pour le courant au $3/1000^e$ d'ampère ;
- 680 mm pour les témoins.

L'orge au $1/100^e$ ayant été soumise exactement aux mêmes appareils que celle provenant du $3/1000^e$, nous sommes obligés de reporter à la différence d'intensité du courant électriseur initial la différence de résultats, car il n'est pas admissible que dans un terrain de quatre mètres carrés il y ait deux mètres carrés produisant des chaumes de 550 mm et deux autres mètres carrés en produisant de 620 mm (voir Chapitre II, petit paratonnerre au 25 juillet).

f) Soissons – Les soissons furent, au cours de l'année, l'objet de plusieurs expériences d'électrisation.

Les résultats furent souvent contradictoires ; aussi, ne voulant rien infirmer, ni affirmer, nous nous contenterons, pour cette année, de signaler l'influence nettement retardatrice du courant de 1/100ᵉ d'ampère sur ces légumineuses ; nous pourrions même ajouter néfaste, car tous, ou presque tous, pourrirent en terre.

§ 3. Récoltes[5]

a) Betteraves – Ayant eu soin de repiquer, au 26 juin, dans les carrés témoins et dans les carrés soumis à l'influence des appareils, des betteraves de même grosseur de racine et de même développement de feuilles, provenant du carré électrisé au 3/1000ᵉ, nous attribuerons aux appareils seuls les surproductions de récoltes suivantes :

- 1,5 kg pour celles provenant du dynamo-capteur ;
- 1,1 kg pour celles provenant des petits paratonnerres.

b) Chanvre – L'influence heureuse du courant de 3/1000ᵉ ressort encore plus clairement au tableau du Chapitre III (récoltes) qu'au Chapitre II (développement).
En effet, le chanvre soumis au courant de 3/1000ᵉ et placé dans la zone du dynamo-capteur donne :

---

5. Nous entendons par récolte, la récolte globale : tiges, feuilles, fruits ou tubercules.

1) 65 grammes de récolte en plus que celui soumis au 1/100e et influencé par le même appareil ;

2) 108 grammes de plus que le témoin.

Quant à la récolte de celui de même intensité, influencé par les petits paratonnerre, elle accuse 95 grammes de plus que le chanvre soumis au 1/100e, et 160 grammes de plus que les témoins, soit une récolte presque double.

Enfin, la récolte du chanvre (3/1000e) placé dans la zone d'action de l'électro-capteur, accuse une surproduction :

1) de 110 grammes sur le chanvre au 1/100e ;

2) de 147 grammes sur les témoins.

c) Orge – Les résultats comparés de cette plante ont permis de constater que les orges électrisées et soumises aux appareils ont toutes donné des récoltes supérieures aux témoins.

Mais, où nous rencontrons de l'imprévu, c'est dans les récoltes des orges soumises au courant de 1/100e d'ampère.

Contrairement à nos prévisions, prévisions basées d'ailleurs sur les résultats obtenus de mai à fin juillet, ces plantes ont eu, en août, des poussées végétatives telles qu'elles ont dépassé de beaucoup leurs voisines électrisées au 3/1000e et, cependant, soumises au même appareil (électro-capteur : 29 août).

Ce fait, qui n'est pas isolé, nous montrera mieux que tous les discours combien il est difficile d'établir ou de formuler des lois fixes, et de donner des indications offrant une certaine garantie, dans le vaste domaine des applications de l'électricité à la culture des plantes.

Malheureusement, il faut le reconnaitre, ce sont ces constatations, dont les causes nous échappent, qui sont cause de la lenteur de nos travaux.

Nous parlions, un jour, des caprices du sphinx électricité, ceux que nous constatons aujourd'hui sont une preuve à l'appui de nos dires et méritent d'être signalés.

La seule explication susceptible d'être admise est la suivante : trop vivement stimulée à ses débuts par le courant de $1/100^e$ d'ampère, l'orge a eu, par la suite, une période de repos, d'engourdissement, pendant laquelle elle a dû emmagasiner dans ses tissus des réserves de sève et de principes vitaux.

Sous l'action d'un orage violent, ou d'une perturbation atmosphérique qui nous a échappé, l'électro-capteur aura pu puiser, à travers les couches supérieures, l'azote libre en quantité suffisante pour, sous l'action de l'effluve du moment, déterminer des modifications chimiques avantageuses dans la composition de l'air et du sol permettant, dès lors, à la plante d'utiliser ses réserves nutritives et vitales.

Ce développement rapide, quasi spontané, peut être comparé à celui d'un adolescent qui, après être resté longtemps stationnaire, grandit tout à coup.

Et, fait qui vient encore à l'appui de notre assertion, si on considère l'orge au 1/100ᵉ soumise à l'influence d'un capteur d'électricité atmosphérique moins puissant, moins sensible aux fluctuations atmosphériques, tel que le petit paratonnerre, on remarque que l'augmentation de récolte n'est plus que de 5 grammes.

Enfin, soumise au dynamo-capteur, appareil dont les courants atmosphérique et tellurique se balancent généralement, l'orge électrisée au 1/100ᵉ produit une récolte inférieure de 65 grammes à celle provenant du courant de 3/1000ᵉ.

d) Moutarde – La surproduction de 60 grammes, constatée dans la récolte de la moutarde électrisée, confirme ce que nous avions relaté précédemment, mais ne nous apporte aucun fait nouveau et intéressant.

e) Soissons – Les récoltes des soissons électrisés, et les observations auxquelles elles ont donné lieu sont relatées, en détail, au Chapitre VI.

Chapitre V

*Détermination du courant optimum à employer
pour électriser les graines soumises aux expériences*

Les constatations faites au Chapitre IV nous amènent, malgré le désir que nous aurions de resserrer encore nos expériences entre des courants d'intensités plus faibles ou plus fortes que celles employées, à nous arrêter, cette année, sur ces deux courants : 1/100ᵉ et 3/1000ᵉ d'ampère.

La recherche du courant optimum à employer pour chaque plante usuelle sera le but vers lequel nous dirigerons tous nos efforts, si nos rares loisirs et si, surtout, l'avenir nous le permettent.

Malgré les bons résultats obtenus en 1908 et 1909, avec certains courants variant en intensité du 1/10ᵉ au 1/100ᵉ, nous rejetterons désormais, pour les plantes étudiées au cours de cette année (orge, chanvre, betteraves, soissons, moutarde), le courant au 1/100ᵉ et conseillerons ardemment les courants voisins du 3/1000ᵉ d'ampère.

Les conditions scrupuleuses[6] dans lesquelles furent électrisées ces graines ne peuvent être mises en doute.

Nous ferons une exception – fondée, celle-là, sur des faits probants et des essais maintes fois répétés – en ce qui concerne les fruits à noyaux et les dattes qui peuvent être soumis à des courants d'un $1/10^e$ d'ampère pendant une durée variant de 1 à 5 jours, et qui germent avec une avance allant de 15 à 30 jours sur les témoins.

***

En résumé, nous conseillons :

1) Pour les graines ordinaires : betteraves, chanvre et orge, des courants voisins du $3/1000^e$ d'ampère, d'une durée de deux heures ;

2) Pour la moutarde, des courants inférieurs au $3/1000^e$ d'ampère d'une durée d'une heure ;

3) Pour les noyaux et dattes, des courants voisins du $1/100^e$ d'ampère, d'une durée variant de 1 à 5 jours.

---

6. M. Abry, ingénieur-électricien, chef du laboratoire de l'usine électrique d'Angers, ayant bien voulu, cette année encore, se charger de surveiller les électrisations, nous tenons à lui exprimer, ici, nos biens sincères remerciements.

Chapitre VI

De l'influence de la position, en terre,
du hile de certaines graines (légumineuses)
sur le développement des racines
et sur la production des fruits

(Ce chapitre fait suite à la 4ᵉ partie de F. E. D. P. (Tome I), page 85, ou à la 2ᵉ partie de nos travaux de 1909, relatés au Bulletin de la Société d'Études scientifiques d'Angers, XXXIXᵉ année, 1909[7])

Cette année, nous avons voulu compléter et achever nos expériences de 1909 sur cette intéressante question et porter notre attention spécialement sur le développement de la racine et surtout sur la production des fruits.

Ces expériences nous permirent de remarquer, une fois de plus, et en même temps, l'influence de la position du hile sur le développement des tiges et des feuilles.

---

7. Cf. *Essais d'électroculture* (Partie II), Fernand Basty, Talma Studios, 2017.

Première expérience

Influence de la position, en terre,
du hile sur les racines

Dans un rectangle de quatre mètres de long sur un mètre de large, 60 soissons furent plantés le 22 mai, à savoir :

Rang A : 20 soissons furent plantés horizontalement, le hile en dessus.

Rang B : 20 soissons furent plantés verticalement.

Rang C : 20 soissons furent plantés horizontalement le hile en dessous.

Au 9 juin, nos germinations étant jugées suffisantes, les soissons des rangs impairs furent arrachés soigneusement. Le nombre de radicelles des germinations impaires : 1, 3, 5, etc., et leur longueur moyenne ressortent aux colonnes 3 et 4 du tableau n° 2 ci-contre.

L'expérience ne devant porter que sur les racines, nous relatons, simplement pour mémoire, aux colonnes 5, 6 et 7, le développement moyen des tiges et des feuilles de chaque rang.

Tableau n°2

RANGS	Numéro des Soissons	Nombre de radicelles	Longueur moyenne des radicelles	Moyenne de la hauteur des tiges	Moyenne de la largeur des feuilles	Moyenne de la longueur des feuilles
1	2	3	4	5	6	7
			c/m	c/m	c/m	c/m
RANG A. (hile en dessus	1	17	6			
	3	10	8			
	5	9	7			
	7	13	11	tige aérienne 3.12		
	9	15	7	t. souterraine 4.2		
	11	10	8			
	13	12	9	7, 32	7, 66	4, 30
	15	14	10			
	17	22	12			
	19	16	14			
Moyennes	$\frac{138}{10} = 13,8$		$\frac{92}{10} = 9,2$	7, 32	7, 66	4, 30
RANG B. (hile vertical)	1	10	7			
	3	12	9			
	5	10	8			
	7	25	10			
	9	13	9	7, 94	8, 92	5, 85
	11	12	8			
	13	14	11			
	15	10	11			
	17	21	15			
	19	18	16			
Moyennes	$\frac{145}{10} = 14,5$		$\frac{104}{10} = 10,4$	7. 94	8. 92	5. 85
RANG C. (hile en dessous)	1	23	7			
	3	8	7			
	5	14	10			
	7	11	10			
	9	20	11			
	11	20	14	8, 3	8, 5	6, 2
	13	15	11			
	15	16	16			
	17	17	17			
	19	13	12			
Moyennes	$\frac{157}{10} = 15.7$		$\frac{115}{10} = 11,5$	8, 3	8, 5	6, 2

D'où il ressort les différences suivantes en faveur du rang C, sur le rang B :

- 11 millimètres quant à la longueur moyenne des racines ;
- 1 radicelle en plus quant à leur nombre.

Par rapport au rang A, cette augmentation se traduit par :

- 23 millimètres en plus quant à la longueur des racines ;
- 2 radicelles en plus quant à leur nombre.

Deuxième expérience

*Influence de la position, en terre,
du hile sur la récolte*

Les 30 soissons conservés (10 par rang) donnent, au 25 octobre, comme récolte en fruits, les poids indiqués au tableau n° 3 en page suivante (soissons non électrisés).

Légumineuses soumises aux expériences	Dessus rang A	Vertical rang B	Dessous rang C	Récolte totale
Soissons électrisés :	gr.	gr.	gr.	gr.
Cosses	140	145	130	0,435
Graines	390	410	415	1,215
Soissons non électrisés :				
Cosses	60	70	90	0,22
Graines	170	170	320	0,74

Ici, nous notons des différences bien plus sensibles que dans la première expérience et des résultats surtout plus avantageux puisque la surproduction du rang C sur le rang A se traduit par un excédent de récolte de 33 % et de 28 % quant au rang B.

Nous mentionnons, simplement à titre d'indication, la constatation suivante qui fut faite en même temps : trente soissons de même qualité, semés dans un terrain identique, mais soumis pendant les mois de juin, juillet, août, septembre, à l'action de notre dynamo-capteur (voir sa description dans F. E. D. P., page 19) donnent comme récolte, en grains, à la même date (25 octobre) : 1 215 grammes, alors que celle de nos trois rangs A, B, C lui est inférieure de 64 %, soit 740 grammes exactement (cf. tableau n°3 ci-dessus).

Troisième expérience

Le 22 mai, 30 haricots rouges (Rognons de coq) furent plantés de la même manière que les soissons, dans un rectangle de deux mètres sur un mètre.

Arrachés le 20 septembre, puis séchés, ils donnent comme récolte les poids suivants au 25 octobre :

Tableau n° 4 – Haricots rouges

Légumineuses soumises aux expériences	Dessus rang A	Vertical rang B	Dessous rang C	Récolte totale
Haricots rouges :	gr.	gr.	gr.	gr.
Cosses	90	100	100	0,29
Graines	70	100	105	0,275

Nous retrouvons encore en faveur du rang C la même influence bienfaisante, puisqu'elle se traduit, comparée au rang A, par une augmentation de 11 % quant au poids total du végétal desséché, et de 33 % quant au poids des fruits.

Par contre, la récolte du rang C, comparée à celle du rang B, ne donne aucune augmentation appréciable.

Ces résultats, consciencieusement relevés, tentent à montrer suffisamment, jusqu'à preuve du contraire, que non seulement la tige et les feuilles des légumineuses bénéficient de la position, *en dessous*, du hile en terre – ainsi que nous l'avions déjà constaté l'année dernière – mais, qu'encore les racines, indépendamment de leur nombre et de leur longueur, lui doivent leur *multiplication* et leur plus grand *développement*.

Quant à son influence sur les *récoltes*, elle est telle, qu'elle dispense de tout commentaire.

En présence des résultats obtenus nous avons cru devoir signaler nos expériences aux chercheurs, aux botanistes et, surtout, aux horticulteurs et agriculteurs, les premiers intéressés.

Le jour où l'on aura pu rendre pratique et applicable à la grande culture des soissons, haricots, melons, pêchers, abricotiers, etc., notre originale méthode d'ensemencement, il sera permis de se demander si son emploi n'apportera pas, dans le domaine de l'agriculture, d'appréciables avantages.

DEUXIÈME PARTIE

Chapitre I

Nous sommes heureux de pouvoir joindre au compte-rendu de nos essais et expériences de 1910 le rapport suivant que M. Billaud, percepteur honoraire, aux Herbiers (Vendée) a bien voulu nous adresser.

Rapport de M. Billaud

Nos essais d'électroculture, bien limités et bien modestes, ont eu lieu dans une vigne que nous possédons aux Herbiers, et qui est l'objet de tous nos soins.

Nous avions, dans notre clos, comme nous l'écrivions en avril 1909 à M. Basty, un canton de 40 à 50 mètres carrés environ dans lequel nos sujets (plants d'Otello non greffés) dépérissaient d'année en année. Parmi eux, plusieurs ceps, âgés de 20 ans, ne conservaient plus qu'un semblant de vie se traduisant très faiblement, hélas ! par trois ou quatre pousses rudimentaires, portant un feuillage avorté, étiolé, rabougri. Ceux-là allaient mourir. Quant aux autres, ils offraient à l'œil un peu plus de vigueur, il est vrai, mais, eux aussi, étaient condamnés à une fin prochaine, en raison du manque de fruits.

Cet état de choses tenait à deux causes : en premier lieu, le phylloxéra ravageait le canton depuis plusieurs années ; en second lieu, un sol trop maigre et qui, malgré de substantielles fumures, n'offrait pas aux ceps les éléments nécessaires pour donner à leurs racines, à leurs radicelles, !a force de résister, dans leur renouvellement, aux ennemis qui les rongeaient. Notre vignoble se présentait dans ces conditions défavorables, quand nous décidâmes de consulter M. le lieutenant Basty, dont les expériences sensationnelles étaient parvenues jusqu'à nous par la voie de la presse.

Sur ses conseils, nous avons abandonné la construction et l'installation d'un genre de géomagnétifère de notre conception qui, nous le reconnaissons volontiers, était trop coûteux, très compliqué et peu pratique.

Dans l'endroit le plus malade de notre clos, nous fîmes donc poser, dès le mois de mai 1909, un électro-capteur, celui-là même dont M. Basty donne la description dans son ouvrage *De la Fertilisation électrique des plantes*.

Pour l'installation de notre appareil, nous nous sommes servi d'une perche de 7 mètres environ, surmontée d'une tige de fer de 2,50 m, terminée elle-même par un balai métallique extensible de 0,25 m. Ce balai métallique nous fut fourni par la maison Radiguet successeur, de Paris.

Il communiquait avec le réseau souterrain, dont le rayon était de 14 mètres environ et formait des carrés de 1 mètre de côté, au moyen d'un fil aérien de cuivre, bien isolé de notre perche grâce à des isolateurs de porcelaine.

La partie du fil conducteur, destinée à être enfouie dans le sol, avait été recouverte, dès son départ du commutateur, d'une matière isolante et imputrescible. Les soudures aériennes et les soudures souterraines avaient été faites d'une façon irréprochable.

La petite dimension du balai capteur nous a permis de laisser notre courant ouvert d'une façon continue. Nous ne l'avons interrompu qu'une ou deux fois, pendant les périodes de trop grande ou trop tenace sécheresse.

Nous avons, en outre, suivi scrupuleusement, en tous points, les instructions qu'a bien voulu nous donner spécialement par écrit, M. le lieutenant Basty.

Aussi notre satisfaction fut grande quand, au courant de l'année 1909 (juin-juillet), il nous a été permis de constater, chez les sujets influencés, une vigoureuse reprise de vitalité.

Plein d'espoir dans la réussite complète, nous avons profité de l'hiver 1909-1910 pour établir, à proximité du premier électro-capteur, mais en dehors de son champ d'action, un deuxième appareil d'une hauteur totale de 15 mètres environ.

Les effets produits, par ce second auxiliaire, en 1910, ont été les mêmes que ceux produits, par le premier, en 1909.

L'année 1911 vient de nous permettre de constater d'une façon certaine, indiscutable, que les ceps influencés, dès 1909, ont repris leur vigueur primitive. Ils n'en cèdent en rien à leurs voisins, et comme pousse et comme quantité de fruits. Pour ce qui est des sujets influencés, à partir de 1910, leur guérison est certaine, si nous en jugeons par leur vigueur actuelle. L'année prochaine, elle sera complète, nous l'espérons.

Aussi, encouragé par cette réussite et en prévision d'un danger futur, malheureusement toujours possible, nous allons, dès la récolte achevée, monter un troisième électro-capteur auquel nous comptons donner de plus vastes et plus sérieuses dimensions. Dans un des angles de notre clos, en effet, pousse un chêne montant qui atteint environ 14 mètres ; nous y assujettirons une perche d'égale hauteur et, à l'aide de poteaux intermédiaires, pour soutenir le fil conducteur, nous relierons ce troisième capteur aux deux autres précédemment établis.

Tout notre vignoble sera ainsi placé sous la bienfaisante influence du « bain électrique ».

Les résultats que nous relatons furent observés et constatés par un grand nombre de personnes, notamment par MM. Roch et Gurget qui, enthousiasmés par les bienfaits de l'électroculture, vont entreprendre des essais applicables à la grande culture dans le but de vulgariser les nouvelles et excellentes méthodes de culture préconisées par M. Basty.

Les Herbiers, le 5 juillet 1911.
Signé : Billaud

Ce rapport fera réfléchir, nous l'espérons, plus d'un sceptique, et décidera, peut-être enfin, les irrésolus à entrer dans la voie nouvelle.

Chapitre II

Le rapport de l'honorable M. Billaud, très favorable à l'emploi de notre électro-capteur, nous fait un devoir d'indiquer, dans ce chapitre, la description et le fonctionnement, de cet appareil. Les amateurs d'électroculture n'auront plus, après cela, aucun motif à invoquer pour excuser leur apathie et leur négligence.

Notre électro-capteur est une simplification de l'électro-végétomètre de l'Abbé Bertholon, le grand-père de l'électroculture qui, dès 1783, inventait cet appareil en même temps qu'il publiait son ouvrage *De l'électricité sur les végétaux*.

§1. Description et fonctionnement
de l'Électro-végétomètre de Bertholon

Afin de mieux comprendre le fonctionnement de notre appareil, nous donnons, ci-après, la description sommaire de l'électro-végétomètre de Bertholon (voir fig. 1) :

Figure 1

Au sommet d'un mât (a) de 8 à 15 mètres, planté solidement en terre, on fixe une tige métallique (b) terminée par un anneau (c), disposée horizontalement.

Cet anneau soutiendra un tube de verre (d) au milieu duquel une verge (e) en fer, terminée en pointe à son extrémité supérieure sera maintenue par un mastic isolateur.

Une chaine métallique (j), partant de la base de la verge, viendra reposer sur un disque métallique (g) soutenu par un isolateur (h) en verre, fixé au mât. Le disque fait partie d'un conducteur horizontal portant une brisure à charnière lui permettant de tourner dans tous les sens (voir les flèches, fig. 1). Le conducteur horizontal (f) est soutenu, dans son parcours, par un fil ou des fils de soie (j), maintenus par deux ou plusieurs guéridons (i, i'). Le conducteur est, en outre, coudé à angle droit ; un des côtés de l'angle est dirigé vers la terre et se termine par une sorte de balai métallique (l) formé d'une réunion de pointes.

Voici, en deux mots, le fonctionnement de l'appareil : l'électricité captée par la verge est transmise à la chaînette, puis au conducteur à charnière et transportée, grâce à lui, à l'endroit voulu, pour se répandre, par les pointes du balai, sur les plantes soumises au traitement.

« On obtient par ce procédé, dit l'Abbé Bertholon, un excellent engrais, que l'on va, pour ainsi dire, chercher dans le ciel et cet engrais ne sera nullement dispendieux. »

§2. Appareils dérivés de l'Électro-végétomètre

En 1848, Beckensteiner modifia l'appareil de Bertholon, auquel il donna le nom de géomagnétifère. Dans cet appareil, le balai aérien, disposé face à la terre, est remplacé par un conducteur souterrain en communication directe avec la tige terminée en pointe.
Notre vieil ami, le Dr Frestier, de Saint-Etienne, fit, avec cet appareil, une série d'expériences fort curieuses.
Le Russe Spechnew employa ensuite des couronnes métalliques surmontées de pointes dorées, et plaça ses conducteurs au-dessus des plantes à électriser.
Le frère Paulin reprit le géo de Bookensteiner, le perfectionna heureusement et l'employa avec succès à l'Institut d'agronomie de Beauvais et dans les environs de Montbrison.
En 1896, Narkewitsch-Yodko simplifia cet appareil et fit aboutir les conducteurs souterrains dans des plaques de zinc.

§3. Description de l'électro-capteur F. B.

En 1907, nous avons employé pour nos expériences un géo, auquel nous avons donné le nom d'électro-capteur. Cet appareil fort simple, à la portée de toutes les bourses, pouvant être construit facilement par la personne la moins compétente (à la condition de savoir faire, cependant, une soudure) nous a donné d'excellents résultats.

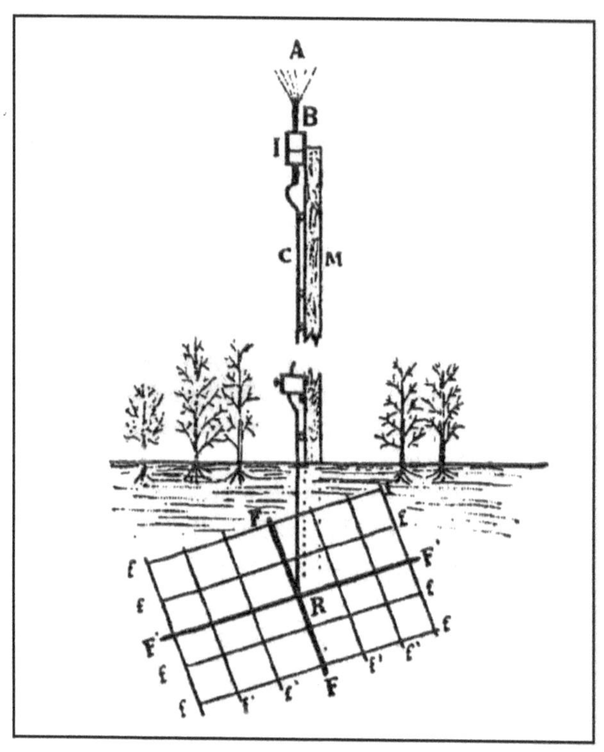

Figure 2

Voici, en quelques lignes, sa description :
Au sommet d'un mât (M) le plus haut possible, solidement planté en terre, on place un isolateur de porcelaine ou de verre d'un modèle spécial.
Cet isolateur (I) affecte la forme d'un cylindre creux suivant sa longueur. Dans l'isolateur sera introduit la base (B) d'une aigrette (A) en fil de cuivre dont les fils inférieurs auront été réunis

entre eux au moyen de soudures et formeront ainsi une petite tige. C'est la base de cette tige qui sera introduite, par forcement, dans l'isolateur, suivant son grand axe.

Les fils de l'aigrette ont une longueur de 0,8 m environ et sont terminés en pointe.

Soudé à la base de la tige, un fil de cuivre (C), revêtu d'une matière isolante, descendra le long du mât et viendra se mettre en communication avec un réseau (R) formé de fils de fer galvanisés. L'appareil est, en outre, pourvu d'un interrupteur spécial permettant de suspendre le passage du courant pendant les grandes chaleurs.

On peut également employer comme aigrette et comme conducteur aérien un fil de fer galvanisé, mais il faut avoir soin de le soutenir le long du mât par des isolateurs en porcelaine.

Le réseau souterrain est composé :

1) de deux fils (FF') qui sont du diamètre du conducteur aérien. Ces fils se croisent à angle droit au pied du mât ; ils seront soudés à leur point de jonction ;

2) par des fils d'un diamètre moindre (ff') et qui, enroulés ou soudés perpendiculairement sur les précédents, de deux en deux mètres, constitueront une série de mailles de 4 mètres carrés de superficie.

Ce réseau est enterré, avant les semailles ou les plantations, à la profondeur normale qu'atteindront les racines des plantes que l'on veut traiter.

§ 4. Procédé original pour s'assurer du bon fonctionnement d'un électro-capteur et, incidemment, mesurer l'intensité d'un orage

Afin de prouver aux personnes qui doutent encore de la puissance de l'électricité atmosphérique et de la facilité avec laquelle eIle peut être captée, nous rappellerons une expérience faite rue Proust, à Angers, par notre Président, M. le Professeur Préaubert.

Vers 1886, M. Préaubert employait pour démontrer la haute tension électrique atmosphérique, au moment des orages, un appareil à peu près analogue à notre électro-capteur.

Pour obtenir un isolement parfait du courant capté par la pointe, le fil conducteur passait dans un tube en paraffine et s'appuyait également sur des supports de même matière.

Entre le fil et la terre M. Préaubert plaçait un petit tube de Geissler. Pendant toute la durée de l'orage, ce tube devenait lumineux.

On pouvait alors suivre facilement toutes les péripéties du drame orageux, les variations d'intensité, les renversements fréquents du courant aérotellurique, grâce à l'inégal aspect des deux pôles du tube. C'est, peut-être, le meilleur moyen de se rendre compte de la partie électrique du phénomène très complexe qu'est le passage d'une ligne de grain orageux.

Si l'on ne désire pas faire servir notre électro-capteur à cet usage, on peut toujours, après une première installation, employer ce dispositif pour s'assurer que l'appareil fonctionne normalement, que les pointes ne sont pas oxydées et le fil parfaitement isolé.

Nous remercions bien sincèrement M. Préaubert de cette très intéressante communication.

§ 5. Electro-capteur paragrêle

L'électro-capteur ou, mieux, plusieurs électro-capteurs peuvent être utilisés pour protéger une très grande étendue de terrain contre la grêle.

C'est pour montrer leur efficacité que nous avons consenti, sur les instances de M. A. Daviau, président du Syndicat de Défense contre la grêle de Brissac et environs, à installer deux de ces

appareils, dans une vigne située aux Nouettes, sur la route d'Angers à Brissac, à 1 kilomètre environ de la station de Saint-Jean-des-Mauvrets.
Nous attendons de cette installation les meilleurs résultats et les preuves les plus convaincantes.

TROISIÈME PARTIE

Orientation de l'opinion publique vers l'utilisation de l'électricité statique à haute tension

L'appui que la presse scientifique a bien voulu donner, jusqu'à ce jour, à nos correspondants, a certainement contribué, pour une large part, à propager parmi le monde des chercheurs les idées d'électroculture.

Mais, malheureusement, certaines communications faites, outre qu'elles s'adressaient à un public éclairé sans doute, mais spécial, avaient souvent le grave inconvénient de ne pas traduire fidèlement toute notre pensée.

Pour donner à leurs articles un caractère d'originalité, il arrivait, parfois, à certains auteurs, très bien intentionnés d'ailleurs, de présenter des comptes-rendus incomplets, inexacts ou exagérés de nos expériences et de nos résultats. Puisque, d'après Emile Gautier, « nous menons le train », il est donc de notre devoir de le bien mener, d'éclairer suffisamment chacun, afin qu'il puisse choisir la voie qui lui convient le mieux, ou que semblent lui indiquer ses ressources et ses aptitudes professionnelles.

Soucieux, avant tout, de présenter cette science agricole nouvelle sous son véritable aspect, nous avons cru utile de développer et de commenter dans cette troisième partie certains points qui avaient été particulièrement mal interprétés, et d'orienter franchement l'opinion publique vers l'utilisation de l'électricité statique à haute tension, bien qu'elle semble, au premier abord, l'apanage exclusif du grand propriétaire.

Les explications que nous présentons sont données en toute indépendance et en toute impartialité. Salarié par aucune maison, ne vendant nous-même, actuellement, aucun appareil, nous ne pouvons être accusé d'agir par intérêt. Si, cependant, un intérêt nous guide — mais il est profondément désintéressé celui-là —, c'est l'intérêt supérieur de l'agriculture française, celui de tous les agriculteurs français.

***

Dans notre ouvrage *De la fertilisation électrique des plantes*, nous avons exposé rapidement nos méthodes, décrit, dans la mesure du possible, nos appareils et instruments, communiqué franchement nos résultats, résultats consciencieusement relevés et toujours vérifiés par de nombreux et honorables témoins. Aussi, pouvons-nous dire, avec une certaine fierté, que grâce à cette modeste brochure, l'électroculture est devenue la science agronomique du jour : on la tolère au foyer, on la discute dans les sociétés scientifiques et dans les facultés, et elle parvient enfin à retenir l'attention d'un ministre de l'Agriculture[8]. Demain, et c'est là notre vœu le plus cher et notre seule ambition, elle sera enseignée dans les écoles d'agriculture ; demain, elle sera reconnue pratique, bienfaisante.

Mais, pour que ce demain soit proche, nous ne nous dissimulerons pas que nous aurons encore beaucoup à lutter, beaucoup à faire et à bien faire surtout.

Depuis dix ans, nous crions dans le désert ; de faibles échos, intéressés ceux-là, nous parviennent, et dès que nous demandons un effort, on nous répond invariablement : « Offrez des garanties... ; garantissez-nous, par contrat, une surproduction de 30 %, et nous marcherons... »

La haute école d'agriculture de Charlottenbourg a-t-elle demandé tant de garanties à M. l'Ingénieur Max Breslauer, lorsqu'il commençait ses premiers essais de 1908 ?

---

8. M. Pams, ministre de l'Agriculture.

M. Bomfort, le riche propriétaire anglais, a-t-il fait signer un contrat à Sir Olivier Lodge avant de mettre à sa disposition un champ de 16 hectares ensemencé en blé ?...

Puisque le concours du riche nous est refusé, que les puissantes sociétés, spécialement créées pour encourager l'industrie et l'agriculture françaises, ne veulent point nous connaître, n'ayant d'autres commanditaires que notre foi et notre volonté, d'autres encouragements que ceux des petits, des déshérités du sort et de la fortune – qui eux, tendent vers nous avec confiance leurs bras impuissants – nous continuerons, quand même, à travailler pour tous.

Sans désavouer aucune ligne de notre ouvrage *De la Fertilisation électrique des plantes*, sans cesser d'enseigner les bienfaits des électricités (naturelles) atmosphérique et tellurique, nous tenons aujourd'hui à déclarer – malgré tout ce que ces modalités électriques peuvent avoir de séduisant, de peu coûteux (captation gratuite), malgré aussi les résultats favorables, acquis au cours de cette année et exposés dans notre travail – que leur application à la culture proprement dite des plantes nécessite une patience inlassable et un doigté assez long à acquérir. Elles exigent, en outre, des connaissances spéciales des appareils capteurs et une non moins grande connaissance des divers états atmosphériques : tension électrique, humidité, sécheresse, chaleur.

Il nous a été donné de rencontrer souvent des personnes bien intentionnées crier au bluff ou à l'utopie en présence de leurs mauvais résultats ou du manque de résultats. Or, voici ce que font généralement ces personnes bien intentionnées : elles plantent dans leurs champs des appareils construits par elles ou... le forgeron du coin, sans se soucier si l'appareil est bien construit, si la pointe est conductrice, inoxydable ; si le fil est isolé dans sa partie aérienne ; si le réseau souterrain est placé à la profondeur convenable par rapport aux racines des plantes à traiter. Quant aux époques où l'appareil doit fonctionner, on l'ignore. L'appareil est là, il doit faire pousser tout et tout seul !

Or, l'électricité atmosphérique est une fée jolie, séduisante, mais capricieuse : il lui suffit d'une pointe oxydée, d'un fil mis en contact avec la perche, pour se montrer rebelle, réfractaire à toute idée bienfaisante. Est-ce sa faute, si l'homme est incapable de la conduire et de la dompter ?

Ce sont ces difficultés de captation, de domination qui ont fait que nous avons cherché, ne pouvant soumettre à nos désirs la belle indomptée, à la remplacer par une de ses sœurs, produite celle-là artificiellement par l'homme, là où il veut, quand il veut et comme il veut : j'ai nommé l'électricité statique à haute tension.

C'est donc l'utilisation de cette électricité artificielle et son application à la culture que nous venons spécialement patronner aujourd'hui auprès des petits propriétaires.

Si nous n'avons pas donné, dans notre livre, à cette bâtarde, la place à laquelle elle avait droit, c'est que nous fûmes séduit par les avantages de ses aînées qui, moins coûteuses, surent nous donner, après neuf ans d'efforts, d'appréciables résultats.

Mais, à notre époque où la patience des expérimentateurs s'émousse vite, où il faut surtout du positif et du tangible, nous avons craint que les caprices des électricités naturelles ralentissent la foi naissante de nos néophytes.

***

Nous ne rappellerons point, ici, les expériences de Sélim Lemstroëm, de Newmann, de Lodge et les nôtres sur la production, l'utilisation de l'électricité statique à haute tension. Toutes ces questions ont été traitées l'année dernière.

Mais nous voulons surtout insister sur l'organisation des procédés permettant aux moins favorisés de la fortune de pouvoir l'expérimenter et l'appliquer.

Beaucoup se figurent, en effet, que pour employer l'électricité statique à haute tension, il est nécessaire d'avoir à sa disposition une force motrice considérable.

C'est une grosse erreur.

Tout réside dans la puissance du transformateur.

Aussi, que de chutes d'eau seront utilisées (en Maine-et-Loire notamment) le jour où nos idées auront fait leur chemin !

A défaut de houille blanche, un simple moteur de 2 ou 4 chevaux suffit.

Des groupes électrogènes se trouvent dans l'industrie à des prix très abordables, pas encombrants, consommant peu à l'heure, d'un fonctionnement simple et inderéglable, ils peuvent facilement s'abriter sous la plus petite cabane construite au milieu des champs.

Le courant ainsi produit sur place par un moteur, ou transporté, suivant qu'il provient d'une usine électrique ou hydro-électrique, est transformé dans le champ et, de là, se répand au-dessus des terrains à électrifier.

Le traitement est simple : quelques heures d'électrification de mars à juillet pendant des périodes convenablement choisies (temps froid, sec), suffisent généralement.

De chez lui, l'agriculteur dirigera son courant avec la même facilité qu'il allume sa lampe ou met en marche son moteur.

Et, s'il sait judicieusement employer la fluide bienfaisant, c'est par une surproduction de 30 à 40 % que se traduiront ses efforts.

Mais ce système, dira-t-on, pour si parfait qu'il soit, a le tort de coûter cher et, seuls, ceux qui ont du temps et du foin dans leurs bottes, peuvent se payer ce luxe[9].

C'est pour répondre à cette grave objection que nous avons écrit spécialement cette troisième partie.

***

Prenons une propriété de 100 hectares cultivée en blé et rapportant, dans des conditions normales, 50 000 francs.

Si on fixe à 2 000 francs le prix du moteur et du transformateur et à 5 200 francs les frais du réseau métallique, poteaux et isolateurs, consommation

---

9. Emile Gauthier, *Le Journal*, 16 janvier 1911.

du moteur, on voit que cette propriété qui, par nos procédés, va produire un quart en plus, rapportera, à son propriétaire, 62 500 francs, soit, avec tous les frais payés et dès la première année, un bénéfice net de 5 000 francs. Allons même plus loin, disons que ce bénéfice est nul la première année.

Supposons maintenant que cette propriété de 100 hectares soit possédée par 10, par 20, ou par 30 petits propriétaires.

Syndiquons-les, groupons-les, peu nous importe le mode d'association, et voyons quels seront les risques de chacun.

C'est, suivant le cas : 720, 360, 180 francs qu'ils auront à avancer, sommes bien peu importantes, on en conviendra.

Quels seront les bénéfices réalisés, dès la deuxième année : 1 200, 600, 400 francs !

À des risques minimes correspondent donc des bénéfices fort appréciables.

Aux petits cultivateurs, aux fermiers donc de donner l'exemple ; ils en ont le pouvoir et, quoi qu'on en dise, les moyens.

Et, pourquoi ne verrait-on pas le propriétaire avancer à ses fermiers les premiers frais d'installation, quitte à prélever un léger fermage supplémentaire lui permettant d'amortir le capital avancé ?

Pourquoi partant, les communes, les départements ne seraient-ils pas chargés de la canalisation, du transport du fluide ?

Il existe bien des sociétés, des syndicats d'irrigation, de défense contre la grêle, pourquoi ne créerions-nous pas, à notre tour, des groupements locaux ou régionaux d'électroculture ? Alors, l'utilisation de ce merveilleux fluide que l'homme a su produire, menée parallèlement à la captation des forces que la nature a mis à sa disposition, viendrait, non seulement transporter la force, la lumière, la parole, mais aussi redonner à notre vieux et cher sol gaulois la fertilité et la vie !

CONCLUSIONS

L'idée d'Électroculture a fait son chemin au cours de l'année 1910 ; et si, actuellement, le nombre des expérimentateurs est encore restreint, du moins le nombre de ceux qui n'ignorent plus cette science agronomique est très grand.

Grâce à la Société d'études scientifiques d'Angers qui a, la première, publié et répandu aux quatre coins du monde nos communications dans les bulletins annuels de 1908, 1909 et 1910, grâce à l'accueil sympathique des revues scientifiques et agricoles, à l'empressement de la presse locale et parisienne, nos expériences et nos méthodes ont été connues et le public, pendant un instant, a eu son attention fixée sur cette captivante question.

Sans apporter de lois précises, de principes infaillibles, nos expériences de 1910, corollaires des précédentes, constituent un nouveau faisceau de preuves et de données intéressantes, susceptibles de guider, dans leurs recherches et leurs travaux, tous les expérimentateurs avides de science et de progrès.

Le progrès s'est déjà fait sentir par l'orientation nouvelle que nous avons cru devoir donner au public vers l'utilisation des courants de haute tension. Demain, ce sera, peut-être, vers l'utilisation des courants de haute fréquence qu'il faudra diriger nos recherches. En effet, grâce aux effluves puissantes qu'ils engendrent, il est à supposer que leur action sur la plante est accompagnée de phénomènes chimiques, mécaniques et physiologiques analogues à ceux produits sur l'organisme humain, dans certains cas pathologiques déterminés.

L'expérience et le travail, seuls, pourront nous renseigner à ce sujet. Mais nos efforts isolés, pourront-ils enfanter de grandes choses !...

Souhaitons, en terminant, voir bientôt de nombreux chercheurs entrer dans cette voie. Au milieu des ronces et des épines du chemin, ils trouveront, nous en sommes persuadé, des fleurs d'autant plus suaves qu'elles auront le charme de la nouveauté et l'attrait irrésistible de l'inconnu.

***

Qu'il nous soit permis d'adresser, dès aujourd'hui et sans attendre le Bulletin de 1911, l'expression de notre bien vive et bien respectueuse reconnaissance à M. René Besnard, sous-secrétaire d'État des Finances, pour l'intérêt qu'il a bien voulu témoigner à nos modestes travaux et à M. Pams, ministre de l'Agriculture, pour la consécration officielle qu'il leur a donnée, en honorant notre Société d'une subvention.

Angers, 28 mai 1911.

F. B.

SOMMAIRE

Page

PREMIÈRE PARTIE

DEUXIÈME PARTIE
Essais tentés par nos correspondants.
Description et fonctionnement
de l'électro-capteur F. B.

TROISIÈME PARTIE